AF313560

LES
CHIENS COURANTS

FRANÇAIS

POUR

LA CHASSE DU LIÈVRE

DANS LE MIDI DE LA FRANCE

MONTAUBAN

TYPOGRAPHIE DE VICTOR BERTUOT

PLACE IMPÉRIALE, 9

1866

PRÉFACE

La chasse à courre dans le midi de la France, se réduit à peu près à celle du lièvre, qui, par ses ruses et le peu d'émanation qu'il laisse après lui, double l'attrait de sa poursuite en la semant de difficultés.

Nous allons nous occuper des chiens exclusivement réservés à cette chasse, en établissant formellement que nous ne parlerons que des *chiens français* tels que les produit *le midi de la France.*

LES
CHIENS COURANTS

FRANÇAIS

POUR

LA CHASSE DU LIÈVRE

DANS LE MIDI DE LA FRANCE

De la Meute.

La meute, à notre avis, est complète au chiffre de douze chiens ; un plus grand nombre aide peu en général et gêne souvent, en outre il effraie les petits propriétaires du Midi, qui laissent chasser avec peine, sur leurs terres morcelées, et qui sont prêts, au moindre prétexte, a ne pas être indulgents.

Douze chiens bien choisis, forment d'ailleurs un groupe assez complet pour deviner toutes les ruses et débrouiller toutes les difficultés. Assez nombreuse pour l'action, la meute l'est aussi pour la musique, pour cet orchestre si agréable à l'oreille du chasseur. Nous ajouterons qu'un équipage de douze sujets est très suffisant dans le midi de la France, pour mettre à couvert tout amour propre de propriétaire chasseur.

Six couples est donc pour nous le chiffre parfait.

Du Pied.

La meute avant tout doit être exactement du même pied; c'est-à-dire que les chiens qui la composent, doivent avoir le même train dans leur chasse; pas d'éclaireurs avancés, pas de traînards, une masse réunie et compacte agissant avec ensemble. Le chien qui met toutes ses forces à suivre ses compagnons s'essouffle, et n'est plus en état de faire son travail et de rendre des services lorsque le moment est venu. Les chiens de la meute, doivent donc se suivre sans efforst, sans gêne et sans fatigue.

Le train, suivant nos idées, ne doit être ni lent ni excessif. Trop lent il fait traîner une chasse en longueur, permet au lièvre de prendre une grande avance et de doubler ainsi toutes les chances de se sauver? trop rapide, il dépayse la suite, la fait perdre au chasseur qui étant généralement à pied, ne peut la voir, même de loin.

Un train vigoureux, soutenu, variant entre deux et trois heures, pour forcer un gros lièvre, est assurément celui qu'on doit préférer.

De l'Espèce.

La meute possédant la qualité absolument nécessaire de l'egalité de pied, nous dirons un mot sur l'espèce qui nous paraît la plus appropriée à la chasse du lièvre. Nous blesserons peut-être bien des opinions et bien des sympathies, mais comme notre pensée est toute personnelle, et que nous ne cherchons pas à l'imposer, nous l'exprimerons tout entière.

Le chien qui réunit les meilleures conditions, celui qui est le plus approprié à la chase du lièvre est : le *chien coupé*, le *chien demi-sang ou le briquet perfectionné*, suivant celui des trois noms qu'on voudra bien lui donner, mais qui désignent tous les trois, le même type, le même individu.

Le chien *d'espèce pure, le chien d'ordre ou pur sang*, est trop mou, trop majestueux, trop lent dans son travail; il se requête sans *vigueur*, sans entrain et peu de temps, il n'est en général rusé qu'à la fin de sa carrière; il a toujours besoin du secours du piqueur et se décourage vite; de plus, sa grande taille ne convient guère qu'aux pays plats, il s'essouffle dans les montagnes et se meurtrit la patte sur les sols rocailleux.

Nous ne parlerons pas ici des frais occassionnés par les chiens à grande taille, de la nourriture exceptionnellement fortifiante qui leur est nécessaire, et du développement que doit avoir la meute ; car le chien d'ordre, ne peut et ne sait chasser qu'en nombreuse compagnie; mais nous dirons qu'il est difficile à tenir en état, que sa santé est beaucoup moins robuste, et sujette à une foule de maladies.

On opposera à tout cela les qualités réelles qui distinguent le chien d'ordre, et nous reconnaîtrons avec ses partisans: qu'il possède une grande finesse de nez, une superbe gorge, que sa chasse est droite, sûre et brillante et que son fond est supérieur dans les longs forcés. Mais le pour et le contre une fois bien pesés nous préférerons pour la chasse du lièvre, petit et rusé animal, un autre type, laissant le grand chien pur sang à la grosse bête, le trouvant bien plus approprié à la chasse du chevreuil du renard et du loup.

Nous *éloignerons aussi le petit et pur briquet*, excellent chien quelquefois, mais qui en général, est ardent, enlevé, peu droit dans sa chasse, nasillard, mal gorgé et sans aucun brillant, chassant du reste beaucoup mieux en très petite compagnie que dans une meute véritablement montée.

Nous sommes donc ramenés au chien demi-sang qui tient le milieu entre le grand chien d'ordre et le vrai briquet, qui prend les qualités de ces deux types différents, en amoindrissant leurs défauts. Le chien demi-sang, en effet, tient du chien pur sang, plus de finesse de nez que le briquet, plus de gorge, plus de brillant dans la chasse, et plus de beauté dans les formes extérieures ; il tient du briquet, plus d'activité que le chien d'ordre, plus d'énergie, plus d'ardeur et de ténacité

Notre chien de lièvre à nous est donc le chien demi-sang : léger dans son ensemble, franc dans ses couleurs et variant comme taille *entre 18 et 22 pouces*.

Le nombre, le pied, l'espèce et la taille une fois résolus, nous composerons ainsi la meute, nous réservant d'étendre nos réflexions sur chacun des divers types que nous ne fesons que nommer en passant :

Un chien de tête.

Huit chiens de centre divers.

Deux chiens de chemin.

Un chien de coupé.

Total douze chiens.

D'abord, faut-il un chien de Tête ?

Cette question a été bien souvent et bien vivement discutée.

Des hommes éclairés dans l'art de la vénerie, des chasseurs sérieux, ont eu des opinions très contradictoires. Les uns prétendaient que le chien qui fesait la reprise devait garder la tête, et devenir ainsi chef de file, jusqu'au moment où à un nouveau défaut, le chien qui le relevait gardait à son tour cette place. Les autres combattaient vivement cette opinion et affirmaient l'absolue nécessité d'un chien de tête. Nous nous rangeons entièrement à ce dernier avis, nous appuyant sur les réflexions suivantes que nous soumettons à l'observation et l'expérience des vrais chasseurs.

La meute, comme nous l'avons dit, forme un groupe, un bataillon composé de sujets s'entraidant, et concourant au même but, à la même victoire, à la prise du lièvre, qui, à défaut de force oppose la ruse et la rapidité dans la fuite ; le bataillon a besoin d'être entraîné, stimulé sur les traces de l'animal, et c'est *là l'office du chien de tête*; toute meute privée de ce chef peut se bien conduire, ne pas faire de faute, mais jamais elle n'aura cette initiative, cette promptitude d'action, cette vigueur soutenue que lui communique le chien de tête.

Il ne faut pas conclure de là, que le chien de tête est le seul qui travaille, et que les autres champions deviennent nuls, se bornant à le suivre. Pour soutenir une pareille théorie, on serait forcé d'admettre qu'on n'a jamais vu de chasse au chien courant.

Chaque chien a son genre, sa spécialité et par suite son indispensable utilité.

Si nous disons que le *chien de tête* est absolument nécessaire pour tenir les devants, pour entraîner, pour filer une voie, nous dirons aussi que le *chien de centre*, est essentiel pour maintenir cette voie; pour rappeler tout ce qui s'éloigne, pour rendre compte avec patience et sagesse d'une trace peu fraîche dans des terrrains ingrats, et pour prendre les refoulés. Nous ajouterons aussi que le *chien de chemin*, est indispensable pour diriger la meute dans les sentiers et les routes et qu'enfin le *chien de coupé* a son utilité pour constater les crochets et le changement de direction du lièvre, évitant ainsi un hésité ou un tâtonnement et par suite un retard dans la poursuite.

Le chien de tête est donc spécialement et uniquement celui dont la chasse l'entraîne en avant, qui fait son travail à la tête de la colonne, qui active les autres et qui goûtant une voie fraiche, n'hésite pas à la prendre et à la suivre hardiment, conduisant traînards et craintifs qui semblables à ces oiseaux voyageurs émigrant en troupe, laissent le plus entreprenant et le plus courageux se mettre à leur tête, et le suivent avec confiance tout en s'assurant eux-mêmes qu'ils ne sont pas trompés dans leur direction.

Nous poserons ce dilemme à ceux qui ne veulent pas un chien de tête spécial : — Ou votre meute ne se composera que de chiens de centre, ou elle ne sera composée que de chiens capables tous, d'être chiens de tête.

Si vous n'avez que des chiens de centre, ils chasseront sagement, mais avec lenteur, sans entrain sans initiave et énergie, vous ne perdrez peut-être pas votre lièvre par une faute, mais vous le perdrez souvent, parce qu'il se forlongera, parce qu'il prendra une telle avance que vos chiens arriveront peu à peu à n'avoir plus qu'une voie froide, qui finira par mourir sous leurs pattes et sous leur nez.

Peut-être dans certains pays gazonnés où les lièvres rendonnent et ne prennent pas de grands partis, en forcerez-vous quelques-uns, mais vous aurez une chasse éternelle, vous mettrez quatre à cinq heures pour prendre votre animal et aurez ainsi doublé les chances de le perdre.

Si, au contraire, vous n'avez que des chiens capables tous, d'être chiens de tête, vous aurez un ensemble de chiens ambitieux, qui, ayant à tour de rôle goûté d'une trace *non foulée* et par conséquent très attrayante, voudront toujours être les premiers, se surmèneront les uns les autres vous feront faire faute sur faute, et vous empêcheront de chasser sûrement et régulièrement.

Ceci posé revenons à notre point de départ et esquissons le portrait et les qualités du chien de tête :

A tout Seigneur tout honneur, il est le premier commençons donc par lui.

Du chien de Tête.

CE QU'ON ENTEND PAR UN BON CHIEN DE TÊTE

Le chien de tête, étant appelé à diriger la meute, on ne saurait mettre trop de soin à le bien choisir, et plus que tout autre, il doit être doué de qualités *physiques et morales.*

Le chien de tête n'est pas ainsi nommé, parcequ'il a l'unique qualité de se trouver le premier ou le plus rapide dans la meute, il est chien de tête parce que son genre de chasse le distingue tout à fait des autres différents types ; il est chien de tête parcequ'il cherche toujours à percer, toujours à avancer; parce qu'il va à la découverte, parcequ'il ne s'occupe que de ce qu'on appelle le grand travail. Seulement, toutes ses qualités se trouveraient en partie détruites, s'il ne pouvait conserver le premier rang, et si des sujets plus ambitieux et plus rapides, le devançaient et le forçaient à n'occuper que le centre de la meute. Pour que le chien de tête ait sa réelle application et qu'il puisse donner tout on travail et toute sa science, il faut qu'il soit maître du train.

QUALITÉS PHYSIQUES — Dans les qualités physiques, nous comprendrons :

La gorge; — La chasse brillante; — La rigueur et le fond; — Le pied et la distinction des formes.

La gorge.—Le chien de tête doit être bien gorgé, afin que sa voix éclatante rappelle promptement autour de lui et qu'elle se fasse bien entendre dans toute la colonne qu'elle dirige.

Si le chien de tête crie mal il ne peut bien rallier lorsqu'il relève un défaut, et comme son genre de chasse et son pied l'excitent à suivre vite et hardiment la voie, il est bientot éloigné du corps de meute, qui ne l'ayant pas immédiatement entendu a souvant de la peine à le rejoindre.

La chasse brillante et la distinction des formes. La chasse brillante, et la beauté dans les formes, ne sont pas des qualités indispensables, mais nous dirons à ceux qui nous opposeraient cette objection : que si un chien doit jouir de ces avantages, c'est assurément le chien de tête ; car se présentant toujours le premier ; il attire l'œil et l'observation, plus que tout autre ; son travail étant plus large, plus avancé et plus brillant, il est toujours plus remarqué et doit lui procurer par suite le surnom de *beau meneur*, éloge qui s'applique aux qualités physiques et morales réunies.

La vigueur et le fond. La vigeur et le fond sont de toute nécessité chez le chien de tête sans quoi il ne peut soutenir un train régulier. Sa tâche est la plus rapide et la plus fatigante, et il doit l'exécuter tout en conservant le premier rang. Souvent un meneur fait des prodiges pendant la première heure, entraîné par le désir de prendre son lièvre, mais peu à peu il se fatigue, s'épuise, ralentit son train, laisse les chiens qui le suivent le dépasser, et finit quelquefois par abandonner la chasse ne pouvant se résoudre à céder simplement la première place qu'il n'a plus la force d'occuper.

Son manque de vigueur et de fond en fait un chien inutile, juste au moment où les difficultés devenant plus nombreuses, on a besoin de la science de toute la meute.

Le Pied

Nous exigeons pour le rôle du chien de tête : un bon pied légèrement supérieur à celui de la meute afin qu'il puisse se placer aisément le premier et qu'il ne soit pas obligé de s'éreinter pour rester devant, ou d'occuper le troisième ou le quatrième rang, ce qui annihillerait une foule de ses qualités et par suite de ses services. — Le meneur qui n'est pas bien sûr de pouvoir dominer ses camarades, devient ardent, se presse et fait souvent des fautes par la crainte de se voir enlever cette première place, pour laquelle tout chien se passionne, lorsqu'il l'a longtemps ou souvent occupée ; de là cette vieille théorie :

Ne jamais laisser dans un équipage, deux chiens de tête qui excellents séparés, deviennent fous et emportés mis ensemble.

Le chien de tête doit donc mener facilement, mais aussi avec une extrême sagesse, sans chercher à distancer ses camarades ; il doit conserver un train qui le place le premier mais qui ne l'éloigne pas du peloton qui le suit, de trois ou quatre pas au plus, et qui ne force pas la meute à prendre une allure, qu'elle aurait peine à soutenir.

Qualités Morales

LA SAGESSE — LA FINESSE DE NEZ — LA CHASSE DROITE

La sagesse—. Il faut avant tout que le chien de tête soit sage, c'est-à-dire que son désir d'être le premier, ne l'entraîne pas à être devant, *coûte que coûte*. Il doit goûter mûrement la voie, s'en bien assurer, et dès lors, prendre le premier rang, qui lui est assigné. L'ambition, est le défaut le plus capital et le plus commun dans cette catégorie de chiens ; il est bien rare d'en trouver qui en soient entièrement dépourvus. On comprend facilement, que celui qui sent le premier une trace de lièvre toute fraîche, et qu'aucune autre empreinte n'a encore foulée, affectionne cette émanation qui lui arrive pure et entière, et qu'il désire ardemment, avoir toujours cette jouissance. Aussi nous conseillerons, non pas, de chercher un chien de tête qui n'ait *aucune ambition*, nous croyons la chose presque impossible, mais de conserver celui qui en a le moins, et qui fait son travail avec le plus de sagesse.

Il ne faut pas se hâter de juger la sagesse d'un chien de tête ; souvent après un essai il paraît ardent, emporté par la seule raison qu'il ne connaît pas encore la meute dans laquelle on le place tandis que quelques jours plus tard, il devient sage et parfait parceque dans ses nouveaux camarades il ne voit plus des rivaux. La sagesse du chien de tête consiste donc à goûter bien la voie avant de la filer, à conserver un train calme, qui lui permet de ne pas la dépasser et de s'arrêter dès qu'elle lui fait défaut.

Assez vite pour mener aisément la meute, il doit l'éclairer et non la fatiguer, ou la distancer. S'il fait la reprise après un défaut, il doit fortement gorger et donner le temps aux autres chiens de venir le rejoindre ; Si au contraire, il se trouve en arrière après une perte redressée par un chien de centre, il doit se rallier sans emportement, et peu à peu reprendre le premier rang, sans battre les ailes, pour se trouver plus vite à la tête de la colonne. Cette dernière qualité tient autant à la chasse droite qu'à la sagesse.

La finesse de nez. — La finesse de nez pour un chien de tête, est d'une importance d'autant plus grande qu'elle est plus nécessaire à son genre de chasse qu'à tout autre. En effet rien ne le dirige, rien ne le soutient que lui-même, puisqu'il est seul devant ; le chien de centre au contraire est dans le gros de la meute, étayéet appuyé par ses compagnons qui lui indiquent la voie, s'il la perd un moment, tandis que le chien de tête la trouve seul et la suit hardiment, sans avoir recours à la science de son voisin. La finesse de nez, lui permet de ne pas tâtonner, de suivre vivement droit devant lui, de s'arrêter court aux crochets ou aux refoulés, et de ne pas entrainer toute la meute dans une faute, en dépassant la voie.

Le chien à grand nez, ne nasille pas, et ne danse pas sur la trace du lièvre ; s'il se balance, sil se reprend à droite et à gauche, s'il mène la tête basse, on peut en conclure qu'il manque de nez, et qu'il n'a pas assez de ressources en lui pour conduire sûrement, la tête haute.

La chasse droite.— La chasse droite découle en partie de la finesse de nez ; tout chien sage et à sentiment supérieur, chasse droit ; s'il hésite, s'il va et revient, c'est qu'il n'a pas assez de puissance d'odorat et qu'il est obligé de suppléer à ce manque de qualité, par l'activité de son travail. Le chien de tête expérimenté qui a le sentiment délicat, suit la ligne stricte tracée par le lièvre et n'a pas besoin de s'écarter, de battre les ailes pour retrouver cette voie, dont il aspire le premier toutes les émanations.

Il va sans dire, que les jours où la terre est très mauvaise, où elle conserve à peine l'odeur laissée par le lièvre, chaque chien n'importe de quel genre, ou de qu'elle espèce est forcé de beaucoup hésiter, et n'arrive à suivre passablement qu'à force de travail et de tâtonnements. Votre chien de tête joignant à ces divers mérites, l'expérience, la science et la ruse, nous croyons nous être suffisamment étendus sur ce type si brillant et si utile.

Nous le répétons : le chien de tête, est à notre avis, d'une absolue nécessité pour une meute, lorsqu'on chasse à forcer. Souvent l'ignorance a fait appeler *chien de tête*, tout chien ardent, emporté et qui, secondé par de bonnes jambes se place le premier ; souvent encore on a appelé *chien de tête*, un chien de centre décidé, que son grand pied mettait à la tête de la meute ; et s'appuyant alors sur une fausse désignation on niait l'utilité et les services du chien de tête, ne decouvrant en lui qu'un coureur rapide, tandis que nous y voyons un genre de chasse, différent des autres genres.

Si vous n'avez qu'un très petit nombre de chiens, que vous ne puissiez en avoir plus, et que vous ne cherchiez qu'à tirer : ayez trois bons chiens de voie, trois chiens de centre avancés ; n'admettez pas alors un vrai meneur et des sujets entreprenants, qui se détachent trop ; tôt ou tard, vos trois chiens suffiront pour vous conduire sagement au poste, le malheureux lièvre que vous assassinerez. Mais si vous avez un véritable équipage, si vous vous donnez tous les frais d'une meute, si vous chassez à forcer, en un mot si vous voulez vous donner cette jouissance si attrayante de la grande chasse, ou de la chasse à courre, rappelez-vous que ne pas avancer hardiment, c'est avoir trois chances sur quatre de ne pas forcer, et que pour avancer, il faut avoir des chiens de qualités différentes.

Ayez toujours une masse solide et sérieuse à votre centre, qui maintienne inébranlablement la voie, mais qui soit activée par quelques sujets allants et par un chien de tête sage et décidé.

Ne redoutez pas les chiens qui se détachent, et qui percent, pourvu qu'ils le fassent avec mesure et discernement. Ils aideront *toujours*, à la condition, que ce ne seront pas des bavards donnant à faux.

Si vous n'avez jamais que des chiens de centre ou purs chiens de voie, à quoi bon en avoir douze ou quinze ? trois ou quatre vous feront exactement le même travail, et conduiront aussi bien la chasse à eux seuls. L'avantage de la meute c'est de réunir divers types, divers genres et par suite diverses forces, qui se combinant entre elles, viennent toutes concourir à la prise du lièvre.

Les chiens, par des secours mutuels et différents, s'aident les uns les autres, s'appliquant à ne pas perdre la trace, tout en la suivant le plus vigoureusement et le plus vivement possible.

Les chiens ne doivent donc pas avoir tous le même genre, car ils feraient alors le même travail. Il ne faut pas s'imaginer, que les genres divers empêchent l'ensemble d'action ; cela n'a aucun rapport. Le pied étant le même, l'allure semblable et la connaissance des chiens entre eux étant parfaite, vous obtiendrez toujours l'ensemble ce qui est la première qualité d'un bon équipage.

La meute dans un défaut, ne doit pas se requêter en masse, comme un troupeau de moutons ; douze ou quinze chiens ne font dans ce cas que suivre les deux ou trois premiers qui prennent l'initiative et perdent un temps aussi long que précieux, à explorer ensemble ce qu'ils auraient parcouru en quelques secondes, si chacun avait agi individuellement. Il faut donc que dès que la meute constate une vrai perte, elle s'ouvre en éventail, s'éparpille sagement, que chaque sujet travaille de son coté, et alors en un instant la voie est cherchée dans tous les sens à la la fois, et bientôt retrouvée. Au premier coup de gorge qui annonce le relevé , tous les chiens doivent se replier, accourir au plus vite, et se grouper de nouveau.

Si le lièvre a suivi une route, et que les chiens de chemin puissent seuls le constater, les autres au lieu de suivre le nez en l'air leurs camarades plus habiles, doivent se diviser en deux colonnes, qui bordant à droite et à gauche le chemin parcouru, puissent trouver sans retard le coupé, c'est-à-dire l'endroit où le lièvre a quitté la route pour reprendre sa course à travers champs.

Mais arrivons au chien de centre, chien si indispensable, que nous affirmons l'impossibilité de chasser sans lui, et de composer une meute sérieuse, si on n'en possède pas plusieurs.

Le chien de Centre

Le chien de centre forme dans la meute ce noyau, qui inébranlable sur la voie, la suit avec une patience et une sagesse extrême. Dépourvu d'ambition il ne pense pas à gagner du terrain mais à indiquer et maintenir la ligne absolue qu'a suivie le lièvre ; toujours bien maître de lui, il n'avance pas sans être sur qu'il n'est point trompé, ou qu'il ne se trompe pas lui même. Laissant au chien de tête le soin d'aller vigoureusement en avant, il s'occupe tout en le suivant, des crochets du lièvre, des doubles voies, de toutes les ruses enfin que multiplie ce petit animal.

Nous disons qu'il faut plusieurs chiens de centre, qu'il en faut un grand nombre parce qu'ils ne se piquent jamais entre eux, qu'ils s'aident les uns les autres avec une entente parfaite et que parmi eux, tout en étant chiens de centre, on trouve plusieurs genres différents qu'on peut diviser ainsi : *Chiens de centre purs, et chiens de centre avancés.*

LE CHIEN DE CENTRE PUR

Le chien de centre pur est celui qui perce peu ; qui, à cheval sur la voie la tient avec une extrême solidité, conservant son allure sans chercher à aller plus vite, et sans se porter vivement en avant. Le chien de centre pur est toujours supérieur dans les doubles voies et refoulés.

LE CHIEN DE CENTRE AVANCÉ

Le chien de centre avancé tout en conservant les signes distinctifs du genre, perce plus que le chien de centre pur, il avance plus hardiment, se détache mieux et lorsqu'il se trouve le premier, sait assez se porter en avant, pour mener une meute privée de son chien de tête.

Il est impossible de trouver dans un chien plus de qualités réunies que dans le chien de centre avancé ; aussi conseillerons-nous à ceux que leur position de fortune, le pays dans lequel i's chassent ou tout autres raisons ne permettent qu'un très petit nombre de chiens, de choisir trois ou quatre bons *chiens de centre avancés* et de chasser avec ; mais à ceux qui ont une vrai meute, une chasse sérieusement montée nous répèterons encore : *ayez de tous les genres, car vous aurez alors toutes les forces et par suite tous les moyens de succès.*

Le chien de centre pur a souvent le défaut d'être traînard sur la voie, d'être entêté et méfiant, ce qui le retarde et l'empêche d'avancer ; souvent encore il cherche à reculer craignant que les chiens entreprenants ne l'aient trop entraîné ; c'est là une disposition mauvaise que la bonne terre corrige souvent, mais qui doit être vigoureusement redressée par le fouet. Le bon chien de centre doit, tout en conservant son genre de chasse, suivre franchement ses camarades, ne pas être trop terre à terre, avancer sans peine et lenteur et savoir dans un défaut se requéter avec vigueur et se détacher avec sagesse : c'est surtout cette dernière qualité qu'on doit exiger du bon chien de centre, car elle est plus rare chez lui que chez les autres genres.

Tous les chiens médiocres, s'appuyant sur leurs camarades, savent suivre correctement une voie et peuvent facilement ne pas faire de faute, en ne quittant pas celui qui les précède ; mais lorsqu'il faut agir seul, lorsqu'un défaut difficile se prolonge, ils restent en place ou reviennent sans cesse à l'endroit où ils ont perdu et ne savent pas se décider à chercher plus loin, ce qu'ils ne peuvent retrouver dans le même espace, habitués à faire peu par eux-mêmes, ils attendent qu'un plus habile les remette dans la voie.

Nous le répétons le chien de centre doit se requeter avec ténacité, et lorsqu'il ne trouve et ne peut trouver sur place, se détacher franchement, et faire des hourvaris, augmentant en proportion de la longueur et de la difficulté du défaut.

La tendance du chien de centre, surtout du chien de centre pur, est donc de croire qu'il a été trop loin ; c'est ce défaut qu'il faut combattre et qui implique une fois encore la nécessité du chien de tête.

Il existe un axiôme de chasse bien connu établissant que le bon chien de lapin n'est pas bon chien de lièvre, et que c'est gâter ses chiens que de leur faire chasser le lapin : Pourquoi ? parceque la chasse du lapin apprend à reculer, à faire le *requet* en arrière et à se porter rarement en avant, tandis que pour le lièvre, à moins de circonstances particulières et exceptionnelles, qui effrayant l'animal l'ont fait reculer, il faut presque toujours avancer, surtout pendant *l'heure et demie qui suit le lancé.*

Plus tard aux approches du forcé, la chasse change et le recul est souvent nécessaire, mais rassurez-vous ; à moins d'avoir une meute composée de jeunes élèves, vos chiens rusés sauront parfaitement juger cette différence et reculeront alors, non plus par vice et ignorance mais par science et calcul. Le chien de tête lui même, sera le premier à ne pas aller en avant, ou du moins à ne le faire que lorsque cela sera parfaitement nécessaire.

Le chien de centre a tout son brillant et toute son utilité, lorsque la terre est mauvaise ou lorsqu'on chasse dans des terrains ingrats. Sa patience, sa sagesse et son opiniatreté, lui font débrouiller la voie, alorsque des chiens plus entreprenants s'irritent, et se lassent de tant de difficultés.

Le chien de Chemin

Le chien de chemin est ainsi nommé, parce qu'il a la précieuse qualité de sentir la voie du lièvre sur les routes, chemins ou sentiers; c'est une spécialité toute particulière, qu'il possède dès qu'on le met en chasse.

On pourait croire de prime abord que le chien ainsi doué, a plus de finesse de nez que les autres et qu'il sent mieux sur un terrain dificile. Cette opinion n'est pas absolument exacte; on voit des chiens de chemin remarquables, qui sur une matinée, sur un rapproché et même sur une suite, ne goûtent pas mieux de la voie, que leurs compagnons.

Cette qualité est donc un mérite spécial et exceptionnel qui grandit et se perfectionne avec l'âge et l'expérience.

Le chien de chemin sait parfaitement qu'il est doué de cet avantage, aussi affectionne-t-il les routes et les sentiers; il découvre sur ce sol dur et pierreux et au milieu souvent d'une foule d'autres émanations, la trace laissée par le lièvre.

Là où les autres sujets, semblant reconnaitre leur impuissance, ne mettent même pas le nez à terre, le chien de chemin, cherche avec persistance et finit par constater cette voie que l'on croit perdue, ayant ainsi l'honneur et le mérite de vaincre une des ruses les plus dificiles, ruse, que le lièvre multiplie dans toutes ses fuites, son instinct la lui dictant comme la meilleure.

Le chien de chemin est donc aussi indispensable pour une meute que tous les autres genres, et il est d'autant plus précieux qu'il est toujours fort rare, d'en trouver de parfaits.

Le chien de chemin, peut appartenir indistinctement soit à la catégorie des chiens de tête, soit à celle des chiens de centre, soit, *mais beaucoup plus rarement,* à celle des chiens de coupé; Son mérite particulier n'implique aucun genre. Cependant nous préférons qu'il soit chien de centre, nous appuyant sur le raisonnement suivant.

Nous avons dit que la majeure partie des chiens ne savait pas goûter de la voie du lièvre sur une route, et que c'est à ce moment que le chien de chemin prend la direction et qu'il déploie toutes ses ressources. Si votre chien de chemin appartient à la catégorie des chiens de tête, dès qu'il aura trouvé sur un sol battu la trace que les autres ne sentent point, il la suivra vigoureusement et rondement : la meute indécise et méfiante hésitera d'abord à suivre de confiance, perdra du temps, s'éparpillera ne pouvant se décider à suivre franchement sans rien sentir, et dès lors votre chien de tête qui a le double avantage d'être chien de chemin et de savoir s'en aller vivement, prendra une avance, qui ne pourra être ratrappée qu'avec beaucoup de difficultés et de fatigues.

Si au contraire votre chien de chemin est chien de centre, il maintiendra la voie doucement, pas à pas, sans se presser, ses camarades auront tout le temps de prendre confiance, de travailler par eux-mêmes, de chercher le coupé, et d'arriver au crochet, sans être ni éparpillés, ni distancés.

Le chien de chemin, outre les qualités qui le distinguent, doit avant tout ne pas être bavard, et ne pas donner à faux; il doit inspirer une confiance absolue à ses camarades; un chien qui en chasse babille dérange incontestablement toujours une meute, mais elle peut se convaincre par elle même qu'on la trompe et dès lors ne plus écouter le menteur; dans un chemin au contraire, elle ne peut rien affermir, et si le chien de chemin donne à faux elle le suit et se laisse entraîner tout entière dans une faute, qu'elle n'a pu prévoir ; Aussi lorque nous avons conseillé, deux chiens de chemin pour la création d'un équipage, nous avons donné ce conseil précisement pour que l'un des deux, soit la constatation de l'autre, et qu'il n'y ait jamais de fausse indication ; en outre la meute qui hésite lorsqu'un chien seul gorge sur une voie, suivra avec une confiance entière lorsque deux donneront à la fois.

Les vieux chiens que l'âge et l'expérience ont rendus savants et rusés deviennent souvent chiens de chemin à la fin de leur carrière, mais malheureusement leur services sont de courte durée.

Le bon chien de chemin doit réunir en plus, les qualités du genre auquel il appartient ; doué alors de tous ces avantages il a une valeur d'autant plus grande, que sur cinquante sujets, on trouve à peine un bon chien de chemin.

Le chien de Coupé

Le chien de coupé, est sujet aux appréciations les plus contradictoires; fort estimé des uns, il est complétement blamé par les autres.

Pour notre compte, nous resterons dans un juste-milieu, approuvant ces deux opinions si opposées, suivant le pays dans lequel on chasse, et suivant le genre et le nombre de chiens que l'on possède :

Si vous chassez en forêt, ou dans un pays très couvert, nous croyons fermement le chien de coupé plus nuisible qu'utile ; en effet se tenant sur l'aile de l'équipage et ne suivant pas la voie, il ne peut voir dans le fourré ses camarades et leur direction ; il s'écarte souvent beaucoup d'eux, sans s'en apercevoir et lorsqu'il trouve le crochet, il est quelquefois si éloigné, que la meute occupée a suivre la trace du lièvre n'entend pas cette reprise avancée, ou si elle l'entend a toutes les peines du monde a y arriver ; Ne voyant rien, elle ne sait de quel côté accourir et prend souvent de fausses directions.

Si vous chassez dans des terrains réservés où les lièvres sont très nombreux, vous devez encore réformer le chien de coupé car il peut vous faire prendre le change.

N'étant pas collé à la voie que suit la meute , il l'entrainera sur une trace nouvelle et fraiche, qui aura croisée par hasard celle de votre premier lièvre.

Si vous n'avez qu'un très petit nombre de chiens ou même une meute composée de sujets ardents, enlevés et mal ajustés, le chien de coupé nuira encore, il augmentera la fougue et le peu d'ensemble de l'équipage.

Tels sont les cas à notre avis, où le chien de coupé doit-être supprimé.

Mais si vous chassez dans un pays découvert, dans un pays où le change est chose rare ; Si vous avez une meute ajustée sage et solide ; nous croyons fermement à l'utilité du chien de coupé et à ses services.

Lorsque il voit bien la meute, il ne s'en écarte pas ; bien vu d'elle il est parfaitement entendu et compris dès qu'il constate le crochet ; il évite ainsi un hésité, et avance beaucoup la chasse. Il ne dérange jamais des chiens ajustés qui connaissant son genre, ne s'occupent de lui et ne vont à lui que lorsqu'il donne, et qu'il affirme que la voie est là. C'est dans ces dernières conditions qu'il doit être placé, il rendra dès lors de grands et vrais services.

Il ne faut pas surtout avoir deux chiens de coupé ; à eux deux ils dérangeraient tout : ils s'éloigneraient à qui mieux mieux battant les ailes et porteraient le désordre dans votre meute.

Cela posé, et quels que soient les avis, disons les qualités à exiger du bon chien de coupé.

Le chien de coupé a pour caractère distinctif, de ne vouloir jamais s'astreindre à suivre la voie avec le corps de meute ; se plaçant à l'aile, il suit ses camarades sans gorger, ne s'occupant que de chercher les crochets du lièvre ; il fait son travail sur le coté, comme le chien de tête le fait en avant de la colonne.

Le chien de coupé avant tout doit être *chien de coupé de naissance* ; cet-à-dire avoir ce genre, dès qu'il est mis en chasse. Les vieux chiens de tête qui n'ont plus la possibilité de mener, et qui se voient dépassés par des élèves plus rapides, se font presque toujours chiens de coupé à la fin de leur carrière. Ne pouvant se résoudre à se placer dans l'équipage qu'ils ont dirigé, ils cherchent ne fut ce que quelques minutes à se trouver un moment en tête.

Ces chiens là font presque toujours de mauvais chiens de coupé, parce qu'ils n'agissent que par l'ambition de garder les devants le plus longtemps possible. Ils courent de coupés en coupés s'enfuyant dès qu'ils sont rejoints.

Le bon chien de coupé qui nait avec sa spécialité, ne cherche pas à éparpiller ses camarades, il chasse ainsi parce que c'est son genre, et dès qu'il a trouvé le crochet, il gorge tranquillement, ne se presse pas, se laisse facilement rattraper et ne reprend l'aile que peu à peu et à la longue; il ne doit jamais s'écarter du corps de meute de plus de dix à douze pas, s'il éloigne davantage il peut facilement changer de voie, et dans tous les cas, être difficilement rejoint.

Le chien de coupé, ne doit pas être bavard ou donner à faux, car alors, il enlève les chiens bien assis sur la voie et les entraîne dans une faute dont il est seul responsable. Il faut donc, qu'il soit très sûr, et qu'il inspire une confiance entière lorsqu'il parle. Jamais, dans une meute, un chien n'est mieux écouté, que le chien de coupé; lorsqu'il crie, tous les sujets, les plus entêtés même, accourrent au plus vite à sa voix, parce qu'ils savent tous qu'elle annonce, ou un changement de direction, ou une avance dans la poursuite.

Nous exigeons chez le chien de coupé un pied ordinaire, plutôt inférieur que supérieur à celui de la meute, afin qu'il ne prenne pas de l'avance, lorsqu'il a trouvé le crochet. Sa gorge doit être forte et éclatante sans quoi les autres chiens gorgeant eux-mêmes sur la trace du lièvre, auront de la peine à entendre sa reprise, qui est toujours un peu éloignée de leurs rangs.

Nous dirons encore à l'avantage du chien de coupé, que presque toujours il est très travailleur, très actif, très bon lançeur, qu'il se requete parfaitement, et se ruse de bonne heure.

Il évite très souvent à la meute tout le travail de la double voie ou du refoulé, ce qui est un grave écueil et toujours un long retard.

Après avoir exposé les qualités particulières et nécessaires de chaque genre, nous dirons quelques mots rapides, sur les mérites généraux qu'on doit rechercher dans tout chien courant. L'absence et l'inverse de ces mérites seront autant de défauts que nous signalerons en même temps.

Les qualités générales du chien courant peuvent se diviser en deux catégories ; l'une qui a rapport à l'instinct, à la science intellectuelle du chien et à son travail en chasse ; l'autre qui comprend, tous les avantages extérieurs et physiques ; on nous permettra, comme nous l'avons fait plus haut, de désigner ces deux divisions par *qualités morales et qualités physiques*.

Qualités Morales

Pour les qualités morales de tout chien courant, on doit examiner :

1° S'il est sage et ajusté ;

2° S'il se requête bien ;

3° S'il se porte bien en avant, et bien allant ;

4° S'il ne donne pas à faux.

1° S'IL EST SAGE ET AJUSTÉ

Le chien courant doit être sage et ajusté : c'est-à-dire chasser avec calme, avec méthode, et dans le seul but de porter à la meute sa part de science et de travail.

Il doit faire entièrement cause commune avec ses camarades, les écouter et comprendre, qu'il est là pour aider, et non pour agir seul et à sa guise. Il doit être régulier en chasse, c'est-à-dire suivre et conserver la voie qu'il a trouvée et ne pas la quitter pour aller voir plus loin ou ailleurs.

Tout chien emporté et enlevé, fait cent folies, court dans tous les sens, cherche à chasser seul, pour réussir seul ; devoré d'ambition il va, revient, portant le désordre partout et embrouillant tout. Les jeunes chiens se laissent influencer par cet exemple pernicieux et deviennent eux-mêmes ardents et enlevés. Les vieux, gênés et dérangés dans leur action, se découragent et se déconcertent, ils finissent souvent par tirer en arrière ou à l'écart En un mot ce genre est fatal pour une meute bien montée, et il suffit de trois ou quatre écervelés, pour déranger le meilleur équipage.

On ne doit pas cependant confondre le vice du chien emporté, avec l'ardeur ignorante du jeune chien qui débute. On comprend facilement que les élèves, ne peuvent immédiatement posséder l'expérience et le calme de leurs pères et que par suite, ils sont sujets à des imperfections motivées par leur seule jeunesse. On doit alors s'armer de patience et d'un bon fouet et dire pour le chien, ce qu'on dit pour l'homme : *Il faut que jeunesse se passe.*

Le jeune chien, qui est un vrai modèle de sagesse dès qu'on le met en chasse, qui, attaché à la meute, ne cause pas une impatience, tant il est grave et calme, ne sera jamais un de ces sujets brillants, qui sortent de l'ordinaire pour devenir supérieurs. Il fera peut-être un jour un chien de voie régulier, mais jamais plus. Tous les chiens de premier mérite commencent par plus d'initiative, plus de volonté, plus de fougue et par plus de fautes ; mais aussi, lorsque l'expérience a calmé leur premier feu, et leur a donné la ruse et le savoir, ils ont franchi la barrière de l'ordinaire, au pied de laquelle restent tant et tant d'élèves.

Les chiens les plus sages et les plus ajustés, sont les chiens d'ordre ou d'espèce pure ; c'est un mérite adhérant à leur race, mérite qu'ils poussent quelque fois à de telles limites, qu'il finit par prendre les proportions d'un défaut.

2⁰ S'IL SE REQUÊTE BIEN

Le requêt est la qualité la plus essentielle, la plus indispensable pour tout chien courant, et nous affirmons que sans elle, il est impossible de posséder des sujets remarquables et réellement supérieurs ; Votre chien aura beau être *sage, ajusté, droil et fin de nez* ; s'il ne se requête pas, il sera plus qu'incomplet et les services qu'il doit rendre s'arrêteront court aux premières difficultés d'un défaut.

Il faut bien comprendre toute la portée, qu'on attache à cette épithète de *bon requêteur*, ou de *bon requérant*, et bien voir si le chien mérite ce surnom qui est synonime de science, ruse, et travail !

On nous accordera, que sur vingt chasses, il y en a deux ou trois au plus, qui ont lieu sans défauts !

Eh ! bien dans les autres, examinez et jugez qu'els sont les chiens qui relèveront ces défauts. Vous verrez alors, que jamais une perte longue et sérieuse ne sera redressée par un chien qui ne se requête pas, et que toujours au contraire, les reprises seront faites par vos meilleurs *requérants*.

Il ne faut pas confondre un *balancé* avec un *défaut*. Un balancé n'est qu'une indécision d'un moment, occasionnée par un crochet, que la meute n'aura pas su prendre, ou par un refoulé qu'elle aura dépassé, ou enfin par une ruse légère du lièvre. Dans ce cas, nous croyons tous les chiens, même les moins requêteurs, capables de faire la reprise pourvu qu'ils soient sages et expérimentés.

Mais pour *le réel et grand défaut*, pour une perte complète qui vous fait croire à une fin de chasse, pour une de ces longues et inexpliquables difficultés qui découragent la moitié de vos chiens, soyez bien convaincu que ce sera toujours et uniquement un grand requêteur qui surmontera l'obstacle, et qui rappelant les ignorants et les paresseux, sera souvent la cause première d'un beau forcé.

On admirera ce sujet brillant, se distinguant entre tous, et on comprendra dès lors, toute l'importance du requêt, puisqu'il aura été la cause du triomphe.

Cette vérité admise, disons ce qu'on entend par bon requêteur, et quels sont les mérites qui rendent digne de ce surnom.

Un chien se requête bien ou est bon requérant, lorsque la meute, ayant perdu la trace du lièvre par une cause quelconque, il se met à chercher, avec sagesse, vigeur et activité, cette voie perdue. N'hésitant pas, et n'ayant pas recours aux lumières de ses camarades, il travaille par lui même avec ténacité et énergie; Il ne se laisse rebuter, ni par la longueur du défaut, ni par les difficultés qu'il présente.

Il explore d'abord, avec un soin minutieux toutes les directions qui touchent l'emplacement même de la perte, puis voyant ses recherches vaines, il s'éloigne peu à peu, fesant des hourvaris de plus en plus larges; enfin il se détache franchement et hardiment, comprenant qu'une cause étrangère l'empêche de sentir dans un certain espace, les émanations du lièvre, et qu'il faut souvent dépasser un terrain ingrat, qui rend infructueuses, les plus habiles investigations. Le bon requérant prend alors les *grands requêtés*, travaillant sans cesse, explorant toujours et sans relâche; et tout d'un coup au moment ou vous croyez tout terminé, vous entendez une gorge aimée, qui fait tressaillir votre cœur, en vous annonçant que la voie est retrouvée, et que vos jouissances vont s'accroître de toute la satisfaction de la difficulté vaincue.

Se bien requêter, avons-nous dit, est sinonyme, de *travail, science et ruse* : nous le démontrons:

Le chien, par cela même qu'il est bon requérant, prouve qu'il est travailleur; c'est incontestable, puisque le requêt est essentiellement un travail.

Il prouve qu'il est savant et rusé, car ces deux qualités lui font seules comprendre qu'il faut chercher avec acharnement ce qu'on veut trouver, et qu'il faut chercher ailleurs et sans se décourager, ce qu'on ne trouve pas d'abord, dans un certain espace.

Nous avons dit aussi, que les chiens qui ne se requêtent pas, ou mauvais requérants, étaient très incomplets quels que fussent leurs autres mérites. Nous le répétons sans aucune hésitation et nous espérons le faire facilement comprendre.

Dès qu'un défaut a lieu, vos chiens mauvais requérants, cherchent un moment dans un espace très restreint; font un léger et court hourvari, croyant n'avoir à redresser qu'un balancé, puis étonnés, ils cherchent encore ; mais n'osant et ne sachant pas se détacher, ils reviennent bientôt à l'endroit où ils ont perdu, et là, indécis, ils lèvent la tête, regardant agir les bons requêteurs ; quelquefois ils suivent un moment, ces habiles camarades ; mais si le défaut se prolonge, s'il prend les proportions d'une vraie perte, ils ne travaillent plus, attendent où que le piqueur vienne à leur secours, ou qu'un rusé et bon chien fasse la reprise.

Quel moyen d'action, aurez-vous alors, si votre meute se compose de chiens qui ne se requêtent pas, ou même qui se requêtent peu? Vous aurez beau être le meilleur veneur de notre beau royaume; vous aurez beau en être le plus énergique, quelles seront vos ressources, avec des chiens, qui découragés et étonnés, ne seconderont pas vos efforts? Peut-être,

Saint Hubert vous protégeant, finirez-vous par faire retrouver la voie, mais qu'elles peines! et surtout quel temps perdu!

Si vous avez une meute nombreuse et composée de plusieurs bons requérants, vous pouvez conserver, eu égard à d'autres et essentiels mérites, quelques chiens qui ne se requètent pas. Mais si vous avez un petit équipage, n'hésitez pas, supprimez hardiment car il n'y a aucune ressource dans le chien qui n'est pas requêteur, et au premier grand défaut, vous auriez une perte certaine. Si vous ajoutez des élèves à votre meute, vous pouvez être assuré, que la moitié au moins gâtés par l'exemple, prendront ce vice capital.

Il ne faut pas se figurer, que parcequ'un chien sait bien se détacher, il s'expose à laisser son lièvre dans l'intérieur de son hourvari. Le chien savant n'arrive jamais aux grands requêtés, qu'après avoir bien constaté qu'il ne trouve rien sur l'emplacement du défaut; nous ajouterons que tout chien rusé, comprend très bien, qu'il doit ressérer son travail à mesure qu'il approche du forcé, et que nous entendons par chien rusé, celui, qui avec de bonnes dispositions, a fait trois bonnes années de chasse.

Le chien d'espèce pure, serait accompli s'il était parfait requérant, mais c'est par là qu'il pèche en général; aussi a-t-il besoin du secours du piqueur, qui vient l'aider à travailler.

On s'étonne de voir dans les meutes de chiens d'ordre, deux ou trois briquets? c'est parceque ces briquets sont toujours d'excellents requêteurs, qui apprennent au chien d'espéce, ce qu'il ne sait souvent faire, l'entrainant, l'activant et lui enseignant à se bien détacher.

Tout chien qui a du nez, suit correctement une voie qui plait à son odorat. C'est dans le caractère distinctif du chien courant; c'est l'action toute naturelle, qui caractérise sa race. Il sent une émanation, et la suit; mais lorsqu'il la perd; c'est sa science, son travail, et sa ruse qui la lui font retrouver ; alors cette qualité n'est plus un mérite général et commun à l'espèce, mais un mérite particulier et exceptionnel attaché à l'individu.

Le Seigneur du Fouilloux dit dans son *Traité de chasse sur le lièvre* « *pour qui veut faire grande exécutions de prendre lieures ie loüe gran-* « *dement les chiens requérans qui prennent de grandes cernes en leurs dé-* « *fauts* » (page 52, chapitre LVIII).

Après le grand et savant maître, nous n'oserons plus ajouter un mot sur ce sujet.

3° S'IL SE PORTE BIEN EN AVANT, ET BIEN ALLANT

Le chien courant lorsqu'il a senti une émanation et qu'il l'a bien constatée doit se porter en avant ; c'est-à-dire percer et chercher sans hésitation la direction de la voie, et lorsqu'elle est trouvée, la suivre avec vigueur et hardiesse.

On dit qu'un chien est *bien allant*: lorsqu'il ne traîne pas sur la trace du lièvre, lorsqu'il n'est pas tellement terre à terre, qu'il craint toujours d'aller trop vite, ou trop loin ; lorsqu'il n'est pas *tellement collé* qu'il est, toujours au moment de s'arrêter, toujours méfiant malgré les réelles affirmations de toute la meute. Le chien allant, suit franchement ses camarades lorsqu'ils sont bien dans la voie, il ne se fait pas, pour ainsi dire, traîner malgré lui, et dans un défaut il sait se requêter, se porter en avant, se détacher, enfin agir avec savoir et promptitude.

Le chien allant est le vrai chien de meute lorsqu'on chasse à forcer, il ne perd jamais un temps précieux en tatonnements et indécisions, il se rallie très vite, et est comme dit du Fouilloux : *chien de cœur et d'entreprise*.

Tout chien qui ne sait pas se porter en avant, reste en place ou recule, ce qui est un défaut capital dans l'un et l'autre cas.

S'il reste en place, ou s'il n'agit que sur un très petit espace, il n'a aucune utilité pour trouver la direction qu'a suivie le lièvre ; il constate que la perte a eu lieu en tel endroit, ce qui est un fort mince avantage dans les services qu'il doit rendre et qu'il ne rend pas, Il est là sans décision aucune et on est obligé de l'activer et de le diriger.

S'il recule, non seulement il n'aide pas mais il dérange ; il complique les difficultés du défaut, en ramenant la meute à un endroit déjà exploré et en l'éloignant du lieu où elle aurait pu faire la reprise.

Le chien qui recule invariablement, sans raison, et de prime abord, parce que c'est une tendance habituelle et innée chez lui, doit être immédiatement réformé. On peut pardonner à un chien de n'avoir aucun mérite lorsqu'on a une meute assez nombreuse pour cacher sa nullité, mais il ne faut pas tolérer, celui qui détruit d'une manière sérieuse et certaine le travail et les qualités des autres. Or, ce qu'il y a de plus fatal et de de plus pernicieux pour un bon équipage, c'est de posséder dans son sein des sujets qui reculent toujours dans les défauts, ou qui gorgeant faussement, rappellent sans cesse sur le lieu de la perte.

Souvent un chien rusé, qui a fait des reprises en arrière, après s'être vainement requêté en avant, recule croyant à une double voie ou à un refoulé. S'il se trompe dans son travail, et que vous en ayez la preuve il ne faut pas pour cela en conclure que ce chien a le vice du recul ; il a fait une faute qui tient souvent à des circonstances particulières, et qu'il ne recommencera pas dans vingt chasses différentes.

Le vrai chien qui recule, agit toujours ainsi ; dans toutes ses chasses il fait preuve de ce vice : c'est sa première idée et sa première action , sans chercher en avant il revient en arrière.

Les inconvénients du chien qui n'est pas allant, sont infiniment moins grands que ceux du chien qui recule. Mais après avoir hautement condamné le chien enlevé, nous blâmerons aussi le chien terre à terre, traînard et *si collé* qu'il faut le fouet pour le faire avancer.

Le bon chien, est ajusté et allant tout à la fois.

Le chien trop collé, est sans initiative et jugement. Habitué uniquement à marteler une voie, à s'y coudre, à ne jamais comprendre autre chose que l'empreinte du lièvre, il met un temps éternel à exécuter ce qu'un chien allant fait en un instant, et lorsque la voie vient à lui manquer, il est si étonné, si ahuri de ne plus en sentir les émanations, qu'il ne sait ni agir ni chercher avec intelligence.

Le chien très collé a une utilité réelle sur la matinée et le rapproché et nous ne reprochons *l'excès* du genre que sur le debout ou lièvre lancé.

Nous nous expliquons aussi brièvement que possible :

Lorsqu'on a trouvé une quête, matinée ou voies du lièvre qui avant le jour se retire dans son gîte, le but unique dans ce moment est de découvrir ce gîte et de lancer l'animal.

De même pour un rapproché, les efforts tendent à arriver au lieu où s'est remis le lièvre et à le relancer ; hé bien ! dans l'un et l'autre cas, il attendra sans bouger, que les chiens arrivent sur lui et qu'ils le délogent.

La grande chose importante, est donc d'être sûrement conduit au refuge de l'animal, quel que soit le temps qu'on mette à ce travail et nous dirons même que plus il sera lent, plus il sera sûr et plus il donnera la facilité d'être vu et suivi.

Le chien très collé a alors toute son utilité avons-nous dit.

En effet, il maintient absolument la voie, il maîtrise l'ardeur de ses camarades, il suit pas à pas, s'arrête souvent, avance avec beaucoup de circonspection et de sagesse et fait preuve enfin d'une patience admirable; la lenteur de son travail et la perte de temps ne nuisent en rien, puisque le lièvre attend qu'on vienne le débusquer.

Mais dès que l'animal est lancé, les choses changent entièrement de face. Effrayé par le bruit et la vue de la meute, il s'enfuit, exécutant ruse sur ruse, il n'attend plus simplement dans un gîte ou refuge quelconque qu'on ait surmonté les difficultés qu'il a laissées sur son passage ; il détale au contraire vigoureusement, à travers les chemins, les champs, et tous les espaces les plus propres à faire perdre sa trace. Comprenant que c'est bien à sa personne qu'on en veut, ou il met une grande distance entre lui et ses ennemis, ou il accumule ses meilleures et plus grandes ruses.

C'est dans cette seconde partie de la chasse dans ce second acte, si nous pouvons nous exprimer ainsi, que l'inconvénient du chien *trop collé* devient réel.

Ici, non seulement il faut arriver sûrement, mais il faut encore agir vite et sans aucune perte de temps. On n'aspire plus à un dénouement stationnaire qui par son immobilité permet une savante et lente recherche, on poursuit un but qui fuit avec rapidité.

Forcer un lièvre est une tache assez sérieuse, assez compliquée, assez douteuse même, pour ne laisser augmenter en rien les obstacles qu'il faut surmonter.

Or, tout lièvre, qui a la facilité de prendre une grande avance, a trois chances sur quatre de se sauver, par la raison bien simple, qu'il peut tripler ses moyens de défense.

Dabord l'émanation qu'il laisse sur son passage, a le temps de s'affaiblir d'une manière sensible, et même, si la terre est mauvaise, de s'évaporer tout à fait. Ensuite peu effrayé par une poursuite lente et lointaine, il a toutes les ressources de son imagination pour multiplier et compliquer ses ruses ; il peut facilement les exécuter en fuyant toujours et en adoptant une allure calme et méthodique qui lui permet de se défendre quatre à cinq heures, ce qui rendra sa prise infiniment problématique.

Si on donne au lièvre, les moyens de prolonger de deux heures sa défaite, on lui laisse naturellement augmenter ses moyens de résistance ; alors combien de difficultés nouvelles, et combien de chances de perte il faudra surmonter !

Un lièvre chassé vigoureusement et rondement, n'a presque pas le temps de ruser. Se sentant serré de près, il ne pense plus qu'à s'éloigner de ses ennemis ; il perd bientôt la tête, s'essoufle et se fatigue, tant par la peur que par la vitesse de la course. La meute ne lui donnant pas la possibilité de prendre une réelle avance, aspire l'émanation toute chaude de son passage récent ; arrêtée à peine, par les difficultés que l'animal extenué n'a pu exécuter qu'imparfaitement et à la hâte, elle le presse vivement, et le force avec une régularité et un entrain qui électrise tout vrai chasseur.

Le chien lent et trop collé, a donc l'inconvénient sérieux de ne jamais serrer le lièvre de près. Son genre traînard et indécis, le retarde toujours. Il perd un temps précieux pendant la suite et un plus grand encore dans les défauts. Son manque de hardiesse l'arrête, prolonge son travail et permet à l'animal chassé de prendre les devants et de se tenir toujours éloigné.

La vitesse de la chasse ne consiste pas uniquement dans le pied des chiens, elle existe beaucoup aussi dans le genre qu'ils possèdent.

Nous sommes l'admirateur et le défenseur du chien collé, et nous avons placé son mérite en première ligne ; mais nous blâmons énergiquement aussi *l'excès* du genre ou le chien *trop collé*.

Nous répèterons ce que nous avons déjà dit : le bon chien de meute *doit être allant et collé tout à la fois.*

Si vous ne trouvez pas dans un même chien, ces deux qualités réunies nous reviendrons à notre premier conseil : ayez de tous les genres, vous aurez tous les moyens d'action, et par suite toutes les chances de succès.

Le chien trop collé peut forcer quelques lièvres, mais nous croyons peu à ses fréquents succès si on le laisse livré à ses propres forces, et si on ne vient pas à son aide, soit par l'intelligence du piqueur, soit par le secours de quelques chiens décidés qui activent sa manière de chasser.

Le paysan braconnier a une grande prédilection pour le chien trop collé, il lui fait tuer des lièvres au départ du gîte, ou les lui conduit tout doucement au poste ce qui amène le même résultat, c'est-à-dire la mort de la pièce de gibier qui sera portée au marché.

Nous terminerons nos appréciations sur ce sujet, en citant quelques lignes de Monsieur de la Conterie. On nous permettra de nous appuyer de tout l'autorité de son jugement :

« Gardez-vous de l'espèce des clabauds, chiens à grandes oreilles, peu énergiques *et si collés,* qu'ils sont une heure à traverser un arpent de bois. » (Chapitre V *Le lièvre. Traité de chasse au chien courant.*)

4° S'IL EST VÉRIDIQUE OU S'IL NE DONNE PAS A FAUX

Gorger à propos, avec raison et vérité, est une qualité d'une importance réelle, pour le bon chien courant.

Il avertit par là ses camarades, qu'il a trouvé une émanation ou une voie de la bête chassée, et les appelle pour partager avec eux sa découverte. Mais s'il donne à faux soit par ardeur, irréflexion ou vice réel il dérange sérieusement la meute ; il la trompe, la trouble par ses cris, et l'enlève d'un travail, qui est quelquefois au moment d'aboutir pour l'entraîner dans une direction fausse et opposée. Non seulement il désoriente et décourage l'équipage, mais il irrite le chasseur lui-même, en lui donnant une vaine espérance et une indication mensongère qui complique les dificultés.

Le chien babillard et abondant, ne doit pas être confondu avec le chien de haut nez. Le premier gorge à tout propos, sans certitude, ni vérité ; l'autre donne facilement aussi, mais parceque la finesse de son odorat lui permet de saisir avec aisance et promptitude la trace du lièvre. La délicatesse de son sentiment aspire entièrement les vagues et légères odeurs des voies les plus anciennes ; il gorge alors, souvent seul, parceque seul, il a la supériorité et l'avantage de sentir.

Le vrai chasseur peut vite apprécier la différence que nous signalons, et pour peu qu'il connaisse sa meute, il saura à quoi s'en tenir.

Le chien babillard n'est qu'imparfait s'il est sage et muet dans les défauts ; mais s'il parle sans raison dans ce moment critique, s'il ment et rappelle sans cesse sur le lieu de la perte, il ne peut à aucun point de vue être conservé dans un bon équipage. Son vice est à nos yeux aussi capital que celui du chien qui recule toujours, et en désignant ces deux défauts comme les plus graves et les plus sérieux, nous croyons être entièrement dans le vrai car ils détruisent l'un et l'autre d'une manière incontestable le travail des meilleures meutes.

Souvent en chassant sous bois, dans un pays couvert où on ne peut voir la suite, on attribue à un chien le relevé d'un défaut parcequ'on l'a entendu crier le premier. Si c'est un bavard, il faut se méfier beaucoup de ce rapide jugement ; la plus part du temps il n'a gorgé que parce qu'il a vu un bon requêteur s'agiter et donner tous les signes qui caractérisent la découverte et l'annonce de la reprise.

Le chien abondant, a joué dans ce cas le rôle d'un larron, en s'appropriant et proclamant un relevé qu'un autre a eu seul le mérite de trouver.

Le chien trop serré de gorge ou peu crieur a aussi ses inconvénients : il n'avertit pas immédiatement ses camarades, ne les rallie pas sur la voie qu'il vient de trouver et fait perdre un temps précieux en n'ayant pas recours à la science et au travail de tous.

Son mutisme provient : ou d'un manque de nez qui l'empêche de sentir les émanations d'une manière assez sûre pour l'exprimer hautement et hardiment, ou d'un vice égoïste qui le pousse à se taire, jusqu'à ce qu'il puisse chasser seul et distancer ses camarades.

Dans le premier cas, l'imperfection quoique réelle, peut facilement être supportée parce qu'elle ne nuit pas à l'action générale de la meute, mais dans le second, le défaut devient capital et ne doit pas être toléré.

Le chien muet sur la voie, qui *la cèle* ou *la dérobe*, non seulement ne cherche pas à aider, mais fait ses efforts pour éloigner tout secours et toute compagnie. Jaloux d'avoir la tête, il suit la trace un certain temps sans crier, afin qu'au moyen de cette avance prise en secret, il force ses camarades à suivre de loin et espacés.

L'ensemble de toutes les réflections que nous venons de développer, nous amènent à conclure : que le bon chien courant, n'est ni trop chaud ni trop froid de gueule, et qu'il donne à propos, avec vérité et réflexion.

Qualités Physiques

1º Le nez ;

2º La gorge ;

3º Le fond et le pied ;

4º La beauté de la construction, et la distinction des formes.

1º LE NEZ

La finesse de nez ou de sentiment, est la vertu première et génératrice qui, innée chez le chien courant, devient la source de ses autres mérites. Elle peut cependant être rangée à la fois dans les qualités physiques et dans les qualités morales ; car si elle appartient aux premières par son origine, elle rentre dans le domaine des autres par son développement.

En effet, le chien courant qui nait avec peu de finesse de nez, finit souvent par en acquerir avec le savoir et la ruse ; et lorsqu'il a atteint toute la force de l'âge, il goûte de la voie, presque aussi bien que les sujets, à sentiment délicat.

Il perfectionne et augmente son odorat, à l'inverse du chien d'arrêt qui perd le sien en prenant des années. Est-ce chez le chien courant la science et l'expérience qui lui font trouver et reconnaître une trace, ou est-ce réellement la faculté de sentir qui se modifie et s'acroît ?

Nous n'osons le décider.

Mais ce qui est absolument vrai : c'est qu'un chien froid de nez, dans ses débuts, se corrige peu à peu de cette imperfection physique, à mesure qu'il avance en âge et en savoir.

L'observation que nous émettons, ne diminue en rien l'immense avantage et la supériorité incontestable du chien qui naît avec une réelle finesse de nez ; sentant mieux, il agit avec beaucoup plus de certitude et de facilité ; son travail par suite est beaucoup plus complet, plus régulier et plus rapide.

Le chien à grand nez est parfait rapprocheur, il suit une quête bien longtemps après le lever du soleil, et découvre une voie là où d'autres ne se sont pas même arrêtés. Sa sensibilité d'odorat, lui permet de ne pas danser ou bricoler sur la trace, de ne pas la dépasser et d'atténuer beaucoup l'écueil du mauvais temps ou de la mauvaise terre. Il sait suivre la gueule haute, ne nasille pas et n'est pas obligé pour maintenir la voie de clouer constamment sa tête au sol ; sa chasse st alors plus brillante, plus allante et plus droite.

2° LA GORGE

La beauté de la gorge est d'une réelle importance et doit être exigée dans les mérites du chien courant.

Nous connaissons bien des maîtres d'équipage qui ne font uacun cas d'un sujet mal gorgé ; nous ne sommes pas aussi exclusifs, et nous ne conseillerons à personne de réformer de bons élèves par la seule raison qu'ils crient mal ; mais nous reconnaissons aussi que le chien bien gorgé a une supériorité réelle.

En effet, il se fait mieux entendre dans les reprises, avertit d'une manière plus complète et rallie plus promptemeut et plus sûrement. Ces avantages ont toute leur portée, lorsqu'on chasse sous bois ou dans un pays sujet aux brouillards et au vent. Plus la gorge est sonore et éclatante, mieux elle dirige chiens et chasseurs, qui par un temps sourd peuvent se tromper de direction.

Le chien beau crieur ou beau hurleur, fait en outre éprouver des jouissances infinies. Ses notes vibrantes et prolongées, dominant le bruyant orchestre de la meute, viennent charmer l'oreille du maître, si attentif à cet harmonieux concert.

La gorge doit cependant être proportionnée à la taille et à la construction du chien ; si elle est trop volumineuse dans un petit corps, elle fatigue tous les organes et enlève peu à peu le fond, le pied et l'énergie.

Les gorges les plus estimées, sont celles qui finissent en A, celles de clairon et celles qui sont roulantes.

Les gorges creuses et graves sont parfaites dans une meute, pour accompagner et garnir ; mais nous ne les conseillons pas nombreuses, parceque leur timbre est peu sonore et peu varié.

Les amateurs de chiens français, attachent un grand prix à la beauté de la gorge ; nous comprenons entièrement leur prédilection et leur exigence, car ce mérite caractérise la race et le sang : les sujets qui crient mal prouvent, en général, un abâtardissement ou une décadence dans l'espèce.

3° LE FOND ET LE PIED

Du Fond

Tout animal destiné à de dures fatigues doit nécessairement être capable de les supporter, sans quoi ses services deviennent imparfaits et même nuls.

On nous permettra d'appliquer cette vérité au chien courant, car elle possède dans ce cas toute sa réelle étendue.

Le chien qui n'a pas de fond, fut-il complet sous les autres rapports ne peut avoir une application sérieuse dans une meute. Exténué par les chasses longues ou vives, il n'a plus la force d'exécuter un travail important, et de faire preuve de ses mérites ; suivant de loin et avec difficulté ses camarades plus robustes il se traîne sans gorger, réunissant tous ses efforts pour ne pas perdre la meute.

Le chien dépourvu de fond est donc une nullité lorsqu'on chasse à forcer, il peut se rendre utile sur une matinée ou sur un rapproché, il peut faire tuer quelques lièvres lorsqu'on chasse à tir ; mais sur les suites longueset vigoureuses il n'est bon qu'à attrister le chasseur qui souffre en voyant ses vains et pénibles efforts.

On n'ose jamais l'ameuter avec des chiens étrangers parcequ'on redoute pour lui, l'épreuve d'une chasse prolongée, et qu'on craint de le voir capituler en public.

Le sujet doué de vigueur, restant maître de ses forces jusqu'à la fin conserve la même rapidité de travail et d'allure quelle que soit la longueur et la vivacité de la chasse. Il possède, en un mot, cette qualité nommée *tenue* qui est si précieuse et si nécessaire lorsqu'on chasse à forcer.

Du Pied

Le pied, avons-nous dit au commencement de cet ouvrage, ne doit être ni lent ni excessif, nous exprimerons de nouveau cette opinion.

Le train lent, engendre une foule d'inconvénients que nous avons signalés à l'article du chien *trop collé*. Si la cause n'est point absolument la même, elle produit des effets identiques ; aussi pour ne pas fatiguer nos lecteurs en nous répétant, nous les prierons de revenir au chapitre du chien allant.

Les chasses lentes, et molles, outre toutes les chances d'insuccès qu'elles présentent, finissent par refroidir l'enthousiasme du veneur qui les suit; son esprit est constamment en crainte, il se décourage, croyant à tout moment, à une fin de chasse et redoute tellement l'écueil du défaut et de l'avance, que le maître d'équipage, même le plus expérimenté ne peut s'empêcher de crier à vue pour activer ses chiens, lorsqu'il voit le lièvre passer longtemps avant la meute.

Autant nous aimons le grave et lent travail de la matinée ou du rapproché, autant nous avons peu de sympathie pour ces suites, traînantes et monotones, qui se terminent la plupart du temps par une perte, ou quelquefois par un forcé si peu prévu et si peu animé, qu'il laisse le cœur calme et froid devant ce succès inespéré.

Forcer est le grand point, nous dira-t-on, et qu'importent les moyens si l'on arrive à une même victoire? — Nous ne sommes pas de cet avis : nous prétendons que des chasses différentes, exécutées avec plus ou moins de brillant et d'entrain quoique aboutissant au même résultat, font éprouver des sensations plus ou moins vives.

Nous avons vu, dans un département voisin, chasser douze excellents bassets à jambe torse, qui pendant six heures promenaient leur lièvre sans une faute, et avec une parfaite regularité.

Hé bien, tout en admirant la persistance et le savoir de ce petit équipage, nous l'avons suivi sans jamais éprouver cette ardente impression d'enthousiasme qui vient fouetter le sang, lorsqu'une chasse vive, animée, opiniâtre, permet au bout de deux heures, de sonner le joyeux Hallali.

Si nous blâmons le pied lent, nous ne sommes pas non plus le partisant des pieds excessifs.

Nous avouons qu'un train très rapide offre un émouvant spectacle et qu'il charme l'œil : mais aussi que d'inconvénients il occasionne !

Le chien qui est emporté par une allure trop précipitée ne peut entièrement s'assurer et se rendre compte des ruses et des crochets. Il est plus sujet à dépasser et sur aller la voie; la vitesse de son action éloigne et dépayse le suite en si peu de temps, qu'on ne peut la voir et en jouir. Les mérites et les avantages de la gorge sont annihilés, ne pouvant se produire au milieu des efforts d'une course si vive; aussi arrive-t-on peu à peu à obtenir des sujets qui, semblables aux chiens anglais fendent l'air, en poussant de loin en loin un cri court et aigu, si désagréablement pénible à l'oreille du vrai veneur Français.

Nous reviendrons donc à l'opinion que nous avons déja émise, et qui indique pour le pied :

Un train moyen, vigoureux et soutenu, variant entre deux et trois heures pour forcer un gros lièvre.

4° LA BEAUTÉ DE LA CONSTRUCTION ET LA DISTINCTION DES FORMES

La beauté et la distinction des formes sont le complément, le fini du bon chien de meute.

Si ces qualités sont étrangères au mérite du bien chasser, elles ont leur importance par les jouissances qu'elles procurent.

Nous n'avons nullement la prétention de faire de la morale ou de la philosophie, mais nous dirons que, dans la satisfaction de toute passion humaine, se trouve une dose d'amour propre plus ou moins développée et que, plus cet amour-propre est flatté et caressé, plus s'augmente l'étendue des jouissances.

La possession ou la création de toute chose, développe donc des sensations agréables, d'autant plus vives, que l'œuvre ou l'objet possédé, approche davantage de la perfection.

Hé bien, le chasseur au chien courant, de même que l'amateur de chevaux, de même que l'agriculteur qui élève des bestiaux, éprouve des jouissances bien plus réelles et complètes, lorsque les sujets, qu'il possède ou qu'il crée, joignent la beauté et l'élégance aux mérites de *la bonté*.

Le maître d'équipage, ne trouve pas un entier bonheur dans le seu acte de chasser; pour que sa passion lui offre tous ses attraits et ses charmes, il faut qu'au plaisir de la chasse se réunissent les satisfactions du propriétaire ou de l'éleveur.

Jamais le veneur même le plus passionné, ne mettra, à suivre une meute étrangère, le même intérêt, la même ardeur que si ses chiens à lui sont découplés sur un lièvre. (Bien des chasseurs se défendent de cette prédilection si naturelle ; pour notre compte, nous l'avons toujours et partout signalée et nous croyons que tout propriétaire de meute avouera, pour peu qu'il s'interroge consciencieusement, que nous n'éxagérons pas la vérité.)

Le chien qui possède bonté, beauté et distinction, étant le plus complet est donc celui qui flatte le plus l'amour-propre du maître et qui lui procure par suite le plus de jouissances.

Nous comprenons parfaitement, et c'est entièrement notre avis, que la *bonté* chez le chien soit de beaucoup placée en première ligne et qu'on ne se laisse jamais entraîner par la *beauté* au détriment des qualités morales, mais nous prétendons aussi que le chien de meute, le chien qui a l'honneur d'être destiné à la grande chasse et qui est suivi par le piqueur armé seulement du fouet et de la trompe, doit s'approcher le plus possible de la perfection pour être en tout digne de son existence privilégiée.

Si la gorge est la jouissance de l'ouïe, la beauté est celle de l'œil ou de la vue.

Le chien d'ailleurs qui est mal construit ne peut soutenir de dures et longues fatigues ; tôt ou tard il faiblit, soit par le fond ou la vigueur, soit par le pied ou la santé.

Nous copions dans l'ouvrage de Monsieur de la Conterie, le portrait qu'il fait du beau et joli chien courant ; notre tâche dès lors, devient plus facile, plus claire et mieux dite :

« Il est si fort important à quiconque lève un équipage, de le former de chiens de *taille convenable, bien faits, et bien choisis,* que sans cela, il ne peut en tirer qu'un plaisir très imparfait ; la taille n'est à considérer que relativement à celle de la bête que l'on veut chasser. Mais pour ce qui est des signes de bonté et des *attributs de la beauté,* l'une et l'autre doivent se rencontrer dans un petit chien, comme dans un plus grand.

Le chien courant pour être bien fait et beau, doit avoir la tête bien attachée et plus longue que grosse, le front large, l'œil gros et gai, les naseaux bien ouverts et plus humides que secs, l'oreille basse, mince, avalée, papillotée en dedans, et plus longue que le nez de deux doigts seulement, le corps d'une grosseur et d'une longueur proportionnées à celle des jambes, de sorte que sans être trop long, il soit plus étriqué que goussaut, les épaules ni trop, ni trop peu larges, le rein large, haut et harpé ; les hanches hautes et larges ; la queue grosse près des reins, mais se terminant comme celle d'un rat et légèrement tournée en demi cercle ; la cuisse bien troussée et gigottée, la jambe nerveuse, le pied sec, les ongles gros et courts, En plus il faut que le chien soit plus haut du derrière que du devant. La vraie taille des chiens *pour lièvre* et pour chevreuil est depuis 21 jusqu'à 23 pouces ; celle des chiens pour cerf, depuis 25 jusqu'à 28 pouces ; enfin celle des chiens pour sanglier et pour loup depuis 23 jusqu'à 24 et 25 pouces.»

Nous nous permettrons de combattre ici, une opinion de Monsieur Elzéar Blaze, qui, à propos de l'extérieur du chien courant s'exprime ainsi : « *Nous faisons beaucoup de cas en France de ces oreilles de chiens, longues larges et plates qui descendent beaucoup plus bas que le nez* : (CHAPITRE PREMIER, *page* 26, DU LIÈVRE.)

Nous ne savons pas trop pourquoi l'auteur généralise un jugement que nous n'avons vu émis que par lui?

Les oreilles *longues, larges et plates* présentent trois complets défauts, que les amateurs ont toujours condamné ; depuis Monsieur de la Conterie jusqu'aux jurys de nos dernières expositions, jurys qui doivent certes être composés d'hommes compétents, nous voyons que le chien courant français jugé réellement beau en coiffure, doit avoir l'oreille *fine, mince, très papilottée* ou tournée *en tire-bouchon, peu longue,* mais *attachée très bas* ce qui lui permet de dépasser un peu le nez. Monsieur de la Conterie signale l'oreille, *longue, large et plate* comme caractérisant l'espèce des clabauds chiens sans force ni energie.

La chasse brillante sur la quête et la suite, la beauté du pelage ou de la robe, sont des avantages qui rentrent dans les qualités extérieures et que nous ne fesons que signaler. Les couleurs franches sont celles qu'on doit rechercher parcequ'elles sont toujours estimées malgré les caprices de la mode. Autrefois les chiens blancs et orangers étaient en prédilection, puis les chiens blancs et noirs marqués de feu, enfin de nos jours les chiens très mouchetés ou bleus, sont préférés. *Il ne faut pas disputer des goûts et des couleurs,* est une vérité trop admise pour que nous nous permettions de donner un conseil ; d'ailleurs, à notre avis, la couleur du chien est d'une minime importance; qu'il soit bon d'abord, beau et bien fait ensuite, voilà les vrais et sérieux mérites, qu'il est important et pas toujours aisé de réunir.

4

CONCLUSION

Telles sont les réflexions que nous ont dictées quelques journées de pluie pendant lesquelles, ne pouvant utiliser nos chiens, nous avons voulu nous occuper de chasse quand même.

Forcés de laisser en repos la trompe et le fouet, nous avons pris la la plume écrivant ce que nous eussions bien préféré voir et juger par une belle matinée, sur nos pelouses giboyeuses. Nous ne parlerons pas ici de notre longue expérience, le mot serait grave et exagéré, nous n'oserons pas non plus ajouter : qu'en chasse, la science n'est pas toujours dépendante de l'âge, mais nous répéterons ce proverbe qui a dans ce cas une entière signification :

Qui veut la fin, veut les moyens.

Or pour avoir la fin, c'est-à-dire forcer des lièvres, il faut posséder les moyens, c'est-à-dire, une bonne meute et pour créer cette meute, connaître à fond les qualités et défauts du chien courant.

Telle est l'étude que nous avons voulu approfondir, avec un soin et un zèle d'autant plus grands qu'elle nous a paru renfermer les notions premières et indispensables pour tout vrai disciple de saint Hubert.

Avant de chercher à devenir savant en chasse, on doit d'abord se rendre capable de bien juger un chien, de peser avec justice et vérité ses mérites et ses imperfections ; de reconnaître, s'il est utile, et en quoi il est utile, s'il aide enfin ou s'il nuit.

La science du veneur ne s'arrête pas là et il ne lui suffit pas de bien constater la bonté ou la nullité d'un seul individu. Il doit savoir créer un équipage, l'ajuster et le composer de sujets, dont les qualités diverses, intelligemment combinées, font la force et la supériorité des bonnes meutes ; il doit comprendre qu'un chien malgré une bonté réelle a souvent une application peu sérieuse dans tel équipage, tandis qu'il est d'une entière importance dans tel autre ; qu'un chien allant par exemple, est plus nécessaire à une meute trop collée qu'à celle qui est déjà vive et entreprenante ; qu'un chien de centre très ajusté, est plus utile, ajouté à des chiens allants qu'à des chiens possédant tous son même genre. En un mot, le maître d'équipage connaissant ses sujets, doit savoir les disposer de manière à former un ensemble, qui groupé avec science et réflexion, renferme toutes les diverses forces et tous les différents moyens d'action.

Pour arriver à ce résultat il ne faut pas être exclusif, et c'est malheureusement le défaut capital et invétéré de tout chasseur, passé, présent, nous allions dire futur, oubliant que l'avenir n'appartient pas à l'homme.

Celui qui aime le chien allant, prétendra, que le chien collé est une machine traînante qu'on ne peut faire avancer, une espèce de tortue qui ne sait se mouvoir. Le partisan du chien très collé, verra dans le chien allant un écervelé ne pensant qu'à courir, et qu'à gagner un prix de course. L'amateur de grands et beaux chiens, sourira de pitié en voyant de petits briquets communs et mal gorgés. Le propriétaire de briquets, affirmera que le grand chien est un masse gigantesque ne sachant que beugler, et tout au plus bonne à faire peindre ou empailler. En un mot, chacun aura une idée très arrêtée, souvent irréfléchie et n'admettra jamais que le bien puisse se trouver dans ce qu'il n'aime pas, ou dans ce qu'il n'a pas.

C'est là, l'écueil que tout veneur intelligent doit éviter, car, dans chaque opinion, il y a un bon et un mauvais coté qu'il faut savoir discerner et appliquer ; *In medio stat virtus,* dit-on en latin. Nous nous permettrons de traduire ainsi : *la vérité n'est jamais dans les extrémes.*

Les sympathies ne doivent donc pas être exclusives, mais savoir au contraire incliner leur partialité devant le vrai et le juste.

Sur cette pensée de haute philosophie, cher lecteur, nous vous dirons adieu à regret, priant saint Hubert qu'il vous ait en sa sainte garde et qu'il vous permette d'apprécier pendant de longues années, l'erreur ou la vérité de nos monotones réfléxions.

Vte DE VESINS.